AF319005

DE L'HYDROCALIMÉTRIE

OU

MÉTHODE NOUVELLE D'ANALYSE DES EAUX MINÉRALES

DITES

BICARBONATÉES

LYON. — IMPRIMERIE PITRAT AINÉ, RUE GENTIL, 4.

DE

L'HYDROCALIMÉTRIE

OU

MÉTHODE NOUVELLE D'ANALYSE DES EAUX MINÉRALES

DITES

BICARBONATÉES

PAR

A. GLÉNARD

Professeur de Chimie, Directeur de l'École de Médecine et de Pharmacie de Lyon,
Chevalier de la Légion d'honneur, etc.

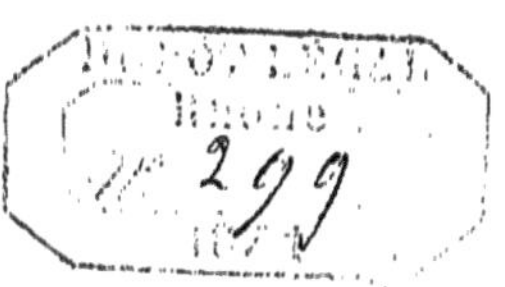

LYON

IMPRIMERIE DE PITRAT AINE

RUE GENTIL, 4

1871

DE L'HYDROCALIMÉTRIE

OU

MÉTHODE NOUVELLE D'ANALYSE DES EAUX MINÉRALES

DITES

BICARBONATÉES

L'application à l'étude des eaux, soit ordinaires, soit minérales, de cette méthode d'analyse qu'on appelle *volumétrique* et que les chimistes emploient avec tant de succès dans un si grand nombre de circonstances peut être considérée à bon droit comme une des acquisitions les plus précieuses qu'ait faite l'hydrologie. Cette méthode, en effet, grâce aux procédés qu'elle met en œuvre et qui sont d'une exécution à la fois simple, rapide et sûre, favorise singulièrement l'étude des eaux. Mettant l'analyse à la portée du plus grand nombre, elle fait en quelque sorte naître les expérimentateurs ; n'exigeant pour les opérations qu'une faible dépense de temps, elle permet de multiplier les opérations à l'infini, de les répéter dans des conditions extrèmement variées ; elle assure enfin l'exactitude des résultats, en en facilitant le contrôle ; elle donne ainsi le moyen d'acquérir une foule de notions diverses,

1

de connaître une multitude de faits intéressants que les méthodes ordinaires, à cause de leur lenteur et aussi de leurs difficultés, seraient sinon impuissantes, au moins très-longues à révéler.

L'emploi judicieux de la méthode volumétrique peut donc rendre de grands services dans l'étude des eaux; il peut contribuer à étendre nos connaissances sur cet important sujet et exercer ainsi une influence considérable sur les progrès de l'hydrologie. S'il était besoin de justifier une semblable manière de voir, il me suffirait d'en appeler à la sulfhydrométrie de Dupasquier, à l'hydrotimétrie de Boutron et Boudet, procédés analytiques dont à coup sûr aucun hydrologiste ne saurait sans ingratitude contester l'utilité ni méconnaître les services.

Il serait donc à désirer que l'emploi de la méthode volumétrique se généralisât de plus en plus et qu'on en multipliât les applications.

C'est en suite de ces considérations et avec la pensée de faire chose utile, que je me décide à faire connaître une application nouvelle de la volumétrie, que je mets en pratique depuis plus d'un an et que je crois capable de rendre à son tour quelques services. Cette application s'adresse à la grande classe des eaux bicarbonatées, cette classe si intéressante par le nombre et par la diversité des eaux qu'elle comprend.

Chargé, au commencement de l'année 1869, d'examiner une dizaine de sources récemment forées à Vals, obligé d'indiquer à bref délai la valeur respective de chacune de ces sources, je ne trouvai pas dans les méthodes usitées des moyens suffisamment prompts ou suffisamment exacts pour me mener convenablement au but, j'ai dû chercher en dehors de ces méthodes. Réfléchissant que, pour des eaux comme celles de Vals, qui, à part une ou deux exceptions, paraissent présenter le même mode de minéralisation, ce qu'il importe surtout de connaître, dans le but d'apprécier leur valeur respective, c'est la mesure des bicarbonates, j'eus l'idée, pour effectuer cette mesure, d'avoir recours à l'alcalimétrie. Les premiers essais que je fis en ce sens furent assez satisfaisants pour m'engager à les poursuivre ; car non-seulement j'obtins le résultat que je cherchais, mais je vis bientôt la possibilité d'instituer une méthode générale d'analyse volumétrique, de titrage des eaux bicarbonatées. Après des expériences multipliées, je suis arrivé à établir un procédé d'analyse qui, si je ne m'abuse, possède réellement, comme simplicité et comme précision, les qualités qui peuvent le rendre utile et qui doivent en recommander, en autoriser l'adoption. C'est ce procédé que je vais faire connaître. Dans ce qui suit, j'indiquerai les principes sur lesquels il repose, son mode d'exécution, les résultats qu'on peut obtenir de son emploi.

I

J'appelle *hydrocalimétrie* une méthode d'analyse volumétrique qui a pour but de déterminer la proportion des bicarbonates contenus dans les eaux minérales dites bicarbonatées ; cette méthode n'est autre chose que l'alcalimétrie de Descroizilles et Gay-Lussac, mais modifiée dans ses détails opératoires, de façon à ce qu'elle s'approprie au cas particulier dans lequel elle s'applique.

Avant d'aborder la description de l'hydrocalimétrie, il me paraît utile d'examiner si l'alcalimétrie est réellement applicable à l'analyse des eaux bicarbonatées et de dire comment j'ai compris son application.

Les eaux bicarbonatées se distinguent de toutes les autres par leur mode de minéralisation. Leur composition est assez compliquée ; elles renferment un nombre souvent considérable de substances très-diverses ; mais il y a toujours en elles un élément qui domine, qui leur imprime leur cachet distinctif, d'où elles tirent leurs propriétés les plus saillantes soit physiques, soit chimiques, soit même médicales ; c'est l'élément *bicarbonate*.

Mais cet élément n'est pas simple; il est multiple. Ce n'est pas un bicarbonate unique que l'on trouve dans les eaux, mais un ensemble de bicarbonates : ceux de soude, de potasse, de lithine, de chaux, de magnésie, etc. En outre, ces bicarbonates sont mélangés dans des proportions qui peuvent être constantes pour une source donnée, mais qui varient dans les diverses sources. Si l'on examine les nombreuses analyses dont les eaux bicarbonatées ont été l'objet, on remarque que le plus souvent l'un des bicarbonates l'emporte de beaucoup en quantité sur les autres, tantôt celui de soude, comme dans les eaux de Vals, de Vichy, tantôt celui de chaux, comme dans l'eau de Saint-Galmier, de Condillac ; ou bien l'on voit que l'ensemble des bicarbonates semble se diviser en deux parts sensiblement égales, l'une comprenant les bicarbonates alcalins de potasse, de soude, l'autre comprenant ceux de chaux, de magnésie, comme cela a lieu dans les eaux de Saint-Alban, de Royat, etc. C'est de là qu'est venue cette division des eaux bicarbonatées en sodiques, calcaires ou terreuses, et mixtes

Un tel mode de constitution des eaux bicarbonatées, ce fait de l'existence simultanée en elles de plusieurs bicarbonates associés en quantités diverses et variables, c'est là une condition fâcheuse, évidemment, au point de vue de l'analyse volumétrique et qui semble, au premier abord, devoir exclure ces eaux du domaine de l'alcalimétrie. Comment, en effet, dans cet assemblage de bicarbonates, doser l'un d'eux isolément ? Et quel sens devrait avoir un titrage alcalimétrique exécuté sur un pareil mélange ? Aussi n'a-t-il été fait jusqu'à présent, au moins à ma connaissance, aucune application de l'alcalimétrie à l'analyse des eaux bicarbonatées. Et cependant l'idée de cette application a dû se présenter plus d'une fois, j'en suis convaincu, à l'esprit des expérimentateurs, tant elle est simple et naturelle.

Avec un liquide complexe comme une eau bicarbonatée, il est bien certain que l'alcalimétrie ne peut donner des résultats semblables à ceux qu'elle donne avec cette solution simple de carbonate de potasse ou de soude qu'elle a été destinée à analyser; mais est-ce à dire pour cela qu'il faille renoncer à son emploi dans le cas qui nous occupe et qu'il n'y ait aucun parti utile à en tirer? Telle n'est pas ma pensée. Les indications qu'on obtient par l'essai alcalimétrique d'une eau sont évidemment là, comme partout ailleurs, l'expression d'un fait analytique réel, certain; elles doivent donc avoir leur valeur propre; si elles sont bien comprises et convenablement interprétées, on doit pouvoir leur donner une signification précise, nettement déterminée; cette signification une fois trouvée peut alors devenir une base sur laquelle il sera possible d'établir un procédé alcalimétrique approprié aux eaux bicarbonatées. Le problème consiste donc à chercher quelle signification il convient de donner aux indications que peut fournir l'alcalimétrie dans l'essai des eaux bicarbonatées; ce problème, comme on va le voir, est susceptible d'une solution très-simple.

Les eaux bicarbonatées sont minéralisées, avons-nous dit, par un ensemble de bicarbonates associés en quantités différentes. Ces sels, comme on sait, se comportent vis-àvi-s des acides comme le feraient leurs propres bases si elles étaient libres; ils les absorbent, les neutralisent, et, conformément aux lois de la combinaison, la proportion d'acide neutralisée est en rapport constant et nécessaire avec la proportion des bicarbonates. Si donc dans une eau bicarbonatée on introduit de l'acide sulfurique jusqu'à saturation exacte et qu'on note la quantité d'acide employé, le chiffre obtenu (2^{gr}, par exemple) ne pourra faire connaître la quantité de bicarbonate de soude ou de chaux contenue dans l'eau essayée, ni même celle des bicarbonates réunis; mais il aura cependant une signification très-précise, il exprimera incontestablement ce fait que dans l'eau il y a une quantité de bicarbonates divers, capables de saturer précisément 2^{gr} d'acide sulfurique. Si maintenant d'autres eaux essayées de même consommaient

l'une 1 gr. seulement, l'autre 4 gr. d'acide sulfurique, ne se-
rait-on pas en droit de conclure que ces eaux contiennent
la moitié ou le double des bicarbonates contenus dans la
première.

Ces chiffres 1, 2, 4 ne représentent en réalité que des
quantités différentes d'acide sulfurique ; mais comme ils cor-
respondent à des quantités proportionnelles de substances
neutralisantes, il s'en suit qu'ils doivent représenter en même
temps la richesse en bicarbonates des eaux qui les ont fournis,
qu'ils sont en quelque sorte la mesure, sinon absolue, du
moins relative de la proportion de ces bicarbonates. De pareils
résultats montrent évidemment que l'alcalimétrie est applicable à l'analyse des eaux bicarbonatées ; on comprend certainement, sans qu'il soit besoin que j'entre dans des explications à ce sujet, qu'en acceptant ces indications avec le
sens que je viens de dire, on pourrait facilement organiser
une méthode de titrage qui donnerait le moyen d'apprécier
le degré de carbonatation des eaux et de le représenter sous
une certaine forme, soit par le chiffre de l'acide employé à
la saturation, soit d'après un mode de graduation convenu.
Une méthode de ce genre aurait à coup sûr en pratique de
sérieux avantages, mais d'une portée assez bornée ; elle ren-
drait des services, mais non tous ceux qu'on peut espérer de
l'alcalimétrie. Aussi ne m'y suis-je point arrêté ; il m'a semblé
qu'il y avait un meilleur parti à tirer du titrage alcalimétrique.

Dans l'essai d'une eau bicarbonatée par un acide, si l'on
adopte pour titre de cette eau le chiffre représentant la quantité d'acide employé à la saturation, on obtient un titre qui
est bien à la vérité une expression indirecte de la richesse de
cette eau, qui permet de juger cette richesse par comparaison,
mais qui ne donne en aucune façon l'idée du poids des bicarbonates contenus dans l'eau. Mais on peut aisément, et par un
artifice bien simple, donner à ce titre une signification plus
directe, plus parlante, pourrais-je dire, et lui faire exprimer

cette notion de poids que l'on veut obtenir ; il suffit pour cela
de traduire sa valeur acide en une valeur bicarbonate. Ainsi,
qu'on choisisse un représentant convenable parmi les bicarbonates habituellement contenus dans les eaux ; qu'on déter-
mine par le calcul la quantité de ce bicarbonate qui corres-
pond à celle de l'acide indiqué par le titrage, et que l'on
adopte cette quantité comme l'expression du poids total des
bicarbonates, l'on aura ainsi converti le titre acide en un titre
nouveau qui donnera l'idée immédiate du poids des bicarbonates.

Mais quel devra être ce représentant des bicarbonates ? A
l'époque où j'entrepris ces recherches, m'occupant exclusi-
vement des eaux de Vals, je fus tout naturellement conduit
à choisir le bicarbonate de soude, qui forme à lui seul les
9/10e en poids de la totalité des bicarbonates ; après les recherches multipliées auxquelles je me suis livré, je crois
devoir maintenir ce choix. On verra d'ailleurs, par les déve-
loppements dans lesquels j'aurai à entrer plus tard, que le
bicarbonate de soude possède, en effet, toutes les qualités
nécessaires pour jouer convenablement le rôle que je lui ai
attribué. Ainsi donc, l'artifice dont je parlais tout à l'heure
consisterait simplement à traduire en bicarbonate de soude
les indications du titrage alcalimétrique ; le titre d'une eau
(soit 5) exprimerait ce fait que le poids des bicarbonates
équivaut à 5 $^{gr.}$ de bicarbonate de soude. La richesse d'une
eau se trouverait par conséquent mesurée en bicarbonate
de soude. Ce mode de mesurage est arbitraire, conven-
tionnel, je le reconnais ; et théoriquement il ne peut fournir
le poids réel, absolu des bicarbonates, mais on verra, par la
suite de ce travail, qu'ici, en pratique, la convention se rapproche singulièrement de la réalité, quand elle ne se confond
pas avec elle ; que le poids vrai, absolu des bicarbonates se
trouve souvent identique avec celui de bicarbonate de soude
par lequel il est représenté. On est donc autorisé à adopter
ce mode de mesurage, à l'employer comme un moyen très-

convenable pour établir le degré de carbonatation des eaux.

C'est ainsi que j'ai compris, c'est dans ce sens que j'ai cherché à réaliser l'application de l'alcalimétrie à l'analyse des eaux bicarbonatées.

II

DESCRIPTION DU PROCÉDÉ HYDROCALIMÉTRIQUE

La détermination du poids des bicarbonates contenus dans une eau minérale se réduit donc, d'après tout ce qui vient d'être dit, à la détermination du titre alcalin de ces eaux et à l'évaluation de ce titre en bicarbonate de soude, soit un simple titrage alcalimétrique; mais ce titrage devant s'appliquer à un cas particulier, j'ai dû rechercher le mode d'exécution le plus convenable, celui qui s'approprierait le mieux aux circonstances. Après de nombreux essais j'ai adopté le procédé qui va être décrit.

La proportion des substances alcalines se mesure dans les eaux bicarbonatées comme ailleurs à l'aide d'un liquide acide d'une composition connue; elle est indiquée par le volume de ce liquide employé pour la saturation; il importe donc avant tout d'être mis en possession de cet agent essentiel de l'analyse.

Composition de l'acide normal. — Pour composer ma liqueur normale acide j'emploie l'acide sulfurique. J'ai essayé de me servir de l'acide oxalique qui, sous certains rapports, présente quelques avantages, mais, dans les eaux bicarbonatées qui sont toutes plus ou moins calcaires, cet acide forme un précipité qui empêche de saisir nettement le changement de couleur qui annonce la saturation; j'ai dû y renoncer.

Il était nécessaire de graduer la force de la liqueur acide, de telle sorte qu'elle fût proportionnée au degré d'alcalinité des eaux qu'il s'agissait de titrer. L'acide normal de Gay-Lussac, qui contient 100 ᵍʳ· acide sulfurique monohydraté par litre est beaucoup trop fort; son emploi dans cette circonstance ne fournirait pas toute la précision désirable ; il a donc fallu donner à ma liqueur acide une autre composition.

Si on examine la teneur des eaux en bicarbonates, telle qu'elle ressort des nombreuses analyses dont elles ont été l'objet, on voit que le poids de ces sels n'atteint jamais 10$^{gr.}$ par litre d'eau. On peut donc considérer ce poids de 10$^{gr.}$ comme un maximum et l'adopter comme base pour la composition de l'acide normal. Évidemment, avec un liquide qui contiendra par litre une quantité d'acide sulfurique équivalente à 10$^{gr.}$ de bicarbonate de soude, on doit pouvoir titrer toutes les eaux bicarbonatées.

Or, en calculant d'après la proportion :

$$\underset{\text{Bicarbonate de soude}}{75} : \underset{\text{Acide sulfurique}}{49} :: \underset{\text{Bicarbonate}}{10} : \underset{\text{Acide}}{x}$$

je trouve que la quantité d'acide sulfurique qui sature 10$^{gr.}$ bicarbonate de soude est égale à 6$^{gr.}$ 533. Si donc je compose un liquide acide qui contienne par litre 6$^{gr.}$ 533 (SO^3, HO), j'aurai un acide normal constitué de telle sorte que, volume à volume, il devra saturer une eau contenant, en bicarbonates divers, l'équivalent de 10$^{gr.}$ bicarbonate de soude.

Je ne crois pas devoir rappeler ici comment on doit procéder pour préparer un semblable liquide, c'est chose trop connue et trop bien expliquée dans tous les traités d'analyse ; mais il est une précaution que je ne saurais m'empêcher de recommander, c'est de s'assurer si ce liquide possède bien le titre voulu. Cette précaution est nécessaire, car les acides sulfuriques ne sont jamais exempts d'eau ; ils en retiennent même après qu'ils ont été bouillis, et si l'on compose la liqueur acide en pesant 6$^{gr.}$ 533 acide et le mêlant avec l'eau, cette liqueur aura certainement un titre un peu inférieur à celui qu'elle doit avoir. La constatation du titre vrai est d'ailleurs chose facile : il suffit d'essayer le liquide au moyen d'une solution de carbonate de soude contenant par décilitre 0,$^{gr.}$ 706 de ce sel pur et bien sec. 10$^{c. cubes}$ de cette solution doivent saturer exactement 10 c. cubes de liqueur normale. S'il en était autrement, il faudrait noter la différence pour en tenir compte plus tard dans les essais qu'on aura à faire.

Voici maintenant comment je procède à l'essai d'une eau bicarbonatée :

A l'aide d'une pipette je mesure 10 c. cubes d'eau que j'introduis dans un petit matras en verre blanc et mince de la contenance de 50 à 60 c. c.. Cette quantité d'eau qui paraît bien faible au premier abord est cependant suffisante ; elle convient mieux qu'une plus grande pour la suite des opérations qui en reçoivent plus de rapidité et aussi plus de netteté. J'y ajoute 3 gouttes d'une solution de bon tournesol. Cette addition donne le moyen de connaître, par le changement de couleur du tournesol, le moment précis où la saturation est arrivée. J'ai essayé diverses matières colorantes, mais aucune ne donne d'aussi bons résultats.

Observons en passant que l'addition du tournesol permet de juger si une eau contient un excès notable d'acide carbonique libre. Les bicarbonates alcalins ont une réaction alcaline ; si donc le tournesol, au lieu de rester bleu, prend une teinte vineuse plus ou moins vive, comme cela a lieu habituellement, c'est que l'eau contient de l'acide carbonique libre.

Il s'agit maintenant de chercher la quantité de liqueur normale que ces 10 cent. d'eau peuvent saturer. Pour cela la liqueur acide est introduite dans une burette graduée. J'ai dû, pour des essais aussi délicats, chercher une burette qui permît de mesurer des quantités très-minimes de liquide. Celle que j'emploie est une burette de Mohr ; c'est un tube d'un calibre de 5 à 6 mil. évasé à sa partie supérieure en entonnoir pour faciliter l'introduction de l'acide ; elle jauge 10 cent. cubes qui sont divisés en 200 ; chaque degré est donc 1/2 10e de cent. cube, cette disposition permet de mesurer une goutte de liquide.

La burette est remplie jusqu'au 0°, puis goutte à goutte je fais tomber la liqueur acide dans le liquide du matras. De

temps en temps je fais bouillir pour chasser l'acide carbonique
qui communique au liquide une teinte vineuse; tant que
l'acide sulfurique n'est pas en excès le liquide redevient bleu.
Il arrive un moment où il prend une teinte pelure d'oignon
qui persiste après l'ébulition, à ce moment l'opération est ter-
minée ; il n'y a plus qu'à noter la quantité de liqueur acide
consommée pour obtenir la saturation ; l'inspection de la burette la fait immédiatement connaître.

Supposons que les 200° ou les 10$^{c.\ c.}$ de la burette aient
été employés, puisque la quantité d'eau essayée était de
10$^{c.\ c.}$ on en conclura que les deux liquides se saturent
volume à volume, que par conséquent un litre d'eau minérale
contient juste la quantité de matière alcaline équivalente aux
6$^{gr.}$ 533 d'acide sulfurique contenus dans un litre de liqueur
normale et qui représentent 10$^{gr.}$ bicarbonate de soude. Le
titre de l'eau sera donc 10. —

Si au contraire 100° ou 5$^{c.\ c.}$ seulement ont été con-
sommés, cela voudra dire qu'un litre d'eau ne contient que la
moitié de la quantité d'alcali nécessaire pour saturer un litre
de liqueur normale soit 5$^{gr.}$ au lieu de 10. Le titre sera donc
5 au lieu de 10. Ainsi 200° indiquent 10$^{gr.}$ bicarbonate de
soude, 100° indiquent 5 ; ces deux chiffres 10 et 5 sont le 1/2
dixième de 200 et de 100 ; d'où l'on voit que le titre d'une
eau est égal au 1/2 dixième du nombre de degrés de liqueur
acide consommée.

Soit par exemple une eau qui emploie 95 divisions ; pour
avoir son titre, on divisiera 95 par 10, ce qui donnera 9,5
et ce dernier chiffre par 2 ce qui donnera 4,75.

Mais il peut arriver que la liqueur normale n'ait pas la composition voulue ; on a trouvé en l'essayant comme je l'ai indiqué plus haut que, pour saturer 10$^{gr.}$ bicarbonate de soude, il
fallait par exemple 206° de la burette au lieu de 200,
il est nécessaire alors d'avoir recours à un calcul pour établir
le titre d'une eau d'après les indications de la burette. Ce calcul pourra se faire de la manière suivante :

Si 206° donnent 10, combien 95 donneront-ils ?

$$\text{Le titre égalera } \frac{95 \times 10}{206} \text{ ce qui donne } 4,61$$

Il sera plus commode cependant de déterminer une fois pour toutes le chiffre de bicarbonate de soude correspondant à 1° et de se servir de ce chiffre comme multiplicateur. On dira alors si 206° donnent 10 combien 1° donnera-t-il ? En effectuant le calcul je trouve 0,04853 pour la valeur de 1°. Pour connaître le titre d'une eau, il suffira désormais de multiplier par ce chiffre le nombre de degrés indiqué par la burette. Soit donc, comme dans l'exemple précédent, 95, ce nombre de degrés, en le multiplant par 0,04853 on trouve 4,61 pour le titre. Il est bon d'inscrire ce multiplicateur sur l'étiquette même du flacon de liqueur normale.

On connait maintenant les principes et le mode d'exécution de l'hydrocalimétrie, il me reste à montrer quéls avantages on pourra retirer de son emploi.

III

UTILITÉ DE L'HYDROCALIMÉTRIE

L'emploi de la méthode d'analyse qui vient d'être décrite conduit à des résultats fort remarquables que je pourrais presque dire inattendus et qui présentent un grand intérêt pour l'étude des eaux. Je vais indiquer les principaux d'entre eux, et j'espère que les détails dans lesquels j'aurai à entrer suffiront pour en démontrer l'importance.

Voyons d'abord quel est le résultat immédiat du titrage

d'une eau, quel renseignement il peut fournir sur la composition de cette eau.

On sait par tout ce qui a été dit précédemment quelle signification doit être donnée au titre hydrocalimétrique ; on se rappelle sans doute que ce titre indique un poids de bicarbonate de soude et que ce poids est la traduction de celui des bicarbonates réunis dans une eau ; on comprend donc que si une eau a pour titre 4,5, cela veut dire qu'elle contient une proportion de bicarbonates divers qui équivaut chimiquement à 4^{gr} 5 de bicarbonate de soude. Voilà ce que nous apprend immédiatement le titrage ; il donne ainsi sous une une formule claire et expressive, une idée du poids des bicarbonates contenus dans l'eau expérimentée ; il fournit une mesure de la capacité alcaline de cette eau et permet ainsi d'apprécier sa valeur soit absolument, soit par comparaison avec des eaux de même nature. C'est là à coup sûr un résultat très-précieux, très-important, surtout si l'on songe avec quelle rapidité, quelle facilité, il peut être obtenu, et l'on pourrait certainement s'en contenter ; cependant on va voir que ce résultat est plus important encore que je ne l'ai dit ; qu'il a une valeur plus grande que celle que je viens de lui attribuer.

En théorie, le titre hydrocalimétrique ne doit avoir qu'une signification purement conventionnelle, celle que je lui ai volontairement donnée ; il ne peut faire connaître le poids réel, absolu des bicarbonates contenus dans une eau, mais seulement leur équivalence en bicarbonate de soude. En pratique il en est tout autrement ; l'expérience montre que le titre a une signification vraie, qu'il indique le poids réel des bicarbonates. C'est là un fait dont il est facile de s'assurer de la manière suivante :

Prenons des eaux de Vichy et titrons-les ; puis comparons le poids de bicarbonate de soude exprimé par le titre trouvé avec le poids des bicarbonates réunis, tel que nous le font connaître les analyses si consciencieuses et si exactes exécutées sur ces mêmes eaux par M. Bouquet. Les résultats que nous trouverons sont indiqués dans le tableau suivant :

COMPARAISON DU TITRE DES EAUX DE VICHY AVEC LE POIDS DE LEURS BICARBONATES

	GRANDE-GRILLE	HOPITAL	HAUTERIVE	SAINT-YORRE
Titre	5,970	6.17	5,8	6,2
Poids	5,979	6,24	5,82	6,12

Comme on le voit le titre et le poids des bicarbonates con-cordent d'une manière vraiment remarquable; on ne peut moins faire que d'en être frappé.

J'ai constaté cette même concordance pour les eaux de Vals à l'occasion de quatre analyses que j'ai faites en 1869 et en 1870.

COMPARAISON DU TITRE DE QUATRE SOURCES DE VALS AVEC LE POIDS
DE LEURS BICARBONATES

	SOURCE DES PRINCES 1869	REINE 1869	VIVARAISE N° 3 1870	VIVARAISE N° 5 1870
Titre	2,05	1,45	3,3	5,15
Poids	2,018	1,436	3,25	5,10

J'aurais certainement préféré prendre mes preuves ailleurs que dans mes propres analyses ; mais cela ne m'a pas été possible. J'ai titré presque toutes les sources de Vals et les résultats que j'ai obtenus ne se sont pas trouvés d'accord avec ceux indiqués par les expérimentateurs qui ont analysé ces eaux. La différence entre leurs résultats et les miens a été quelquefois peu importante, mais assez souvent très-considérable ; en voici quelques exemples :

	MARQUISE (Berthier)	CHLOÉ (Dupasquier)	PRÉCIEUSE (Henry)	SAINT-JEAN (Henry)
Titre	7,23	3,78	5,24	1,45
Poids	7,46	5,64	7,55	1,95

On remarquera certainement que dans ces exemples le poids provenant du titrage est toujours plus faible que celui qui est donné par l'analyse ; c'est évidemment le contraire qui devrait avoir lieu, car il est bien certain qu'on dose plus facilement et plus complétement des bicarbonates par le titrage que par la méthode des pesées.

Le désaccord que je viens de signaler n'atteint en aucune façon la valeur des analyses pas plus que celle du titrage ; il tient certainement à des causes indépendantes des opérateurs et des procédés analytiques ; je crois pouvoir l'attribuer à un changement de composition des eaux survenu depuis les analyses à la suite de travaux accomplis sur les sources ou dans leur voisinage, ou bien à des variations temporaires auxquelles les sources seraient exposées par le fait de circonstances normales et toutes naturelles. C'est là une question que je me propose bien d'approfondir et l'on reconnaîtra que ce ne sera pas un des moindres mérites de l'hydrocalimétrie que d'avoir soulevé une si intéressante question et d'avoir donné le moyen de la résoudre. Si, comme je suis fondé à le croire, certaines eaux de Vals ont changé de composition ou sont exposées à en changer d'une manière intermittente, on comprend que l'accord entre le titrage et l'analyse ne pourra se produire qu'à la condition que les deux opérations seront exécutées sur deux eaux provenant d'un même puisement ; c'est ce qui a eu lieu pour les quatre exemples que j'ai cités et qui présentent cet accord à un point si remarquable.

Cette coïncidence entre le titre hydrocalimétrique et le poids vrai des bicarbonates pris en bloc que révèle ainsi l'expérience peut paraître singulière au premier abord, mais en y réfléchissant on la trouve toute naturelle et on l'explique facilement. Le titre représente le poids total des bicarbonates par un poids équivalent de bicarbonate de soude ; or, si je compare l'équivalent de ce dernier sel avec celui des bicarbonates qui se rencontrent le plus ordinairement réunis dans les eaux, je remarque qu'il est une moyenne presque exacte des équivalents de bicarbonate de potasse, soude, chaux, magnésie.

En effet, l'équivalent du bicarbonate de potasse=91 ; celui de soude = 75 ; celui de chaux = 72 ; celui de magnésie =64. Qu'on additionne ces différents nombres, on trouve 302 dont le 1/4 ou la moyenne est 75, 5.

$$\frac{75 + 91 + 72 + 64}{4} = 75.5$$

Il résulte de là que, si dans une eau ces quatre bicarbonates se trouvaient mélangés dans des quantités proportionnelles à leurs équivalents respectifs, leur poids total serait représenté par un poids égal de bicarbonate de soude.

Soit, par exemple, une eau contenant 10^{gr} de bicarbonates mélangés dans les proportions ci-après :

Bicarbonate de soude .	. . . .	2,50
—	potasse	3,03
—	chaux.	2,40
—	magnésie	2,13

Convertissons ces diverses quantités de bicarbonates en quantités équivalentes de bicarbonate de soude, nous trouverons que :

2,50	Bicarbonate de soude . .	= 2,500		
3,03	— potasse .	= 2,497		
2,40	— chaux .	= 2,500	Bicarbonate de soude
2,13	— magnésie	= 2,496	

Additionnons maintenant les chiffres de chaque colonne, nous trouverons pour la première un total égal à 10^{gr} et pour la seconde un total égal à 9, 99.

Ces deux nombres sont sensiblement égaux. D'où il suit que si nous titrions une pareille eau, le titre que nous obtiendrions indiquerait immédiatement le poids réel des bicarbonates qu'elle contient.

En pratique, les circonstances se prêtent plus favorablement encore que dans le cas précédent à la production d'un

semblable résultat, attendu que le bicarbonate de soude forme
souvent à lui seul les 8 ou 9/10ᵉˢ du poids total des bicarbonates, comme cela a lieu dans les eaux de Vichy, de Vals, etc.
On en trouvera la preuve dans l'exemple suivant où je mets
en regard les quantités des divers bicarbonates trouvées par
M. Bouquet dans l'analyse de l'eau de Vichy (Grande-Grille)
et leurs équivalences en bicarbonate de soude.

POIDS DES BICARBONATES		ÉQUIVALENCES EN BICARB. DE S.
Bicarbonate de soude	4,883 =	4,883
— potasse	0,352 =	0,290
— magnésie	0,303 =	0,355
— strontiane	0,003 =	0,002
— chaux	0,434 =	0,452
— fer	0,004 =	0,003
TOTAL	5,979	TOTAL 5,974

Comme on le voit les totaux sont les mêmes.

Il doit donc être désormais démontré, tant par les preuves
expérimentales que par les explications que je viens de donner, que le poids des divers bicarbonates mélangés dans une
eau peut se représenter par un poids sensiblement égal de
bicarbonate de soude, et que par conséquent le titre hydrocalimétrique qui originairement a une signification indirecte
et conventionnelle possède en réalité une signification directe
et absolue.

Mais dans tout ce qui précède il n'a été question que des
eaux de Vals et de Vichy ; ce sont là des eaux d'une nature par-
ticulière, dans lesquelles prédomine à un haut degré le bicarbonate de soude et qui par là même se prêtent très-bien à
l'emploi de la méthode alcalimétrique ; mais obtiendra-t-on
les mêmes résultats avec des eaux bicarbonatées d'une autre
espèce, avec celles où abondent surtout les bicarbonates calcaires ou magnésiens. C'est ce que je dois maintenant examiner.

J'ai essayé un assez grand nombre d'eaux calcaires ou

mixtes et je n'ai pas obtenu des résultats aussi satisfaisants, le titre expérimental trouvé par moi différait le plus souvent et d'une façon très-notable de celui auquel conduisaient les analyses antérieures. Mais on ne peut tirer aucune conclusion de ce fait, car je ne suis pas sûr que les eaux que j'ai titrées et que je me suis procurées dans le commerce soient bien celles auxquelles se rapportaient les analyses que j'ai consultées et il est très-possible que leur composition ait changé ou soit sujette à des variations. Du reste, il n'est pas besoin pour apprécier la valeur des indications hydrocalimétriques dans le cas qui nous occupe, il n'est pas besoin, dis-je, d'avoir recours à l'essai direct ; on peut y arriver et très-sûrement par un procédé très-simple, et qui consiste à convertir par le calcul en poids de bicarbonate de soude les poids de bicarbonates divers qu'une eau a donnés à l'analyse ; on obtient ainsi un titre calculé, celui précisément que l'eau devrait fournir au titrage que l'on compare avec le poids des bicarbonates. Voici quelques résultats obtenus de cette façon :

	POIDS DES BICARBONATES	TITRES CALCULÉS
Eau de Renaison (HENRY).	1 209	1 22
Eau de Saint-Galmier Source Badoit (HENRY)	2 02	2 10
Eau de Saint-Alban. Puits de César (LEFORT).	2 356	2 43
Eau de Royat. Source César (LEFORT)	1 78	1 83

Les nombres mis en regard dans les deux colonnes de ce tableau ne présentent pas une concordance aussi parfaite que celle que nous avons remarquée en opérant sur des eaux sodiques, toutefois, ils sont assez rapprochés, ce me semble, pour que je me croie autorisé à dire que le titre d'une eau bicarbonatée, calcaire ou mixte, doit indiquer sensiblement le poids de ses bicarbonates.

De tout ce qui précède il doit certainement ressortir que

la méthode hydrocalimétrique fournit un moyen sûr d'analyser les diverses eaux bicarbonatées , de déterminer le poids de leurs bicarbonates pris en bloc, et par conséquent de mesurer et de comparer leur degré de carbonatation. ·

Grâce à la facilité et à la rapidité d'exécution de ce mode d'analyse, il serait possible de dresser un tableau comprenant l'ensemble des eaux bicarbonatées rangées d'après leur richesse en bicarbonates ; ce tableau établi, à l'aide d'une mesure unique et sûre, indépendante des interprétations de chacun, offrirait un caractère d'exactitude, d'homogénéité, que n'offrirait certainement pas celui qu'on pourrait construire en réunissant les nombreuses analyses dont ces eaux ont été l'objet. Il deviendrait encore possible, facile même, d'étudier le régime des sources , de constater les variations de composition auxquelles elles peuvent être sujettes , de déterminer les limites de ces variations et les circonstances dans lesquelles elles ont lieu, de résoudre enfin bon nombre de problèmes qui intéressent grandement l'hydrologie et qui exigeraient par l'emploi des méthodes ordinaires trop de temps et de travail pour qu'on se décide à en entreprendre l'étude.

Voilà les avantages qui peuvent résulter immédiatement de l'hydrocalimétrie ; on les jugera sans doute assez importants pour décider l'adoption de cette méthode. Ces avantages ne sont cependant pas les seuls qu'on puisse obtenir ; il en est d'autres encore que je dois faire connaître et qui montreront combien cette simple opération du titrage peut être féconde en résultats utiles. Je vais les indiquer successivement sous la forme de propositions.

1° Par le titrage on peut apprécier d'une manière très-approximative les proportions relatives de bicarbonates alcalins et de bicarbonates terreux contenus dans une eau.

Pour faire comprendre et justifier en même temps cette proposition, je vais faire une opération en quelque sorte théorique sur une eau bicarbonatée, soit par exemple une eau de

Vichy, l'eau de la grande grille; le poids des bicarbonates d'après M. Bouquet est 5,979 ; ce poids évalué en bicarbonate de soude donne comme on l'a vu plus haut le nombre 5,975. Ce nombre est le titre général de l'eau de la grande grille.

J'évapore à sec 50$^{\text{cent. cubes}}$ de cette eau avec tous les soins voulus pour éviter toute perte et je chauffe assez fortement le résidu pour bien détruire les bicarbonates. Je traite ce résidu par 50$^{\text{cent. cubes}}$ d'eau distillée et je filtre. J'obtiens ainsi une eau alcaline nouvelle qui présente le même volume que l'eau évaporée, mais qui ne contient plus de bicarbonates terreux ; ces sels décomposés par l'ébulition sont devenus insolubles et ont dû rester sur le filtre. Je titre cette eau ; ce second titre donne le poids des bicarbonates alcalins 5,17, en retranchant ce poids du premier je trouve comme différence le poids des bicarbonates terreux, soit 0,805.

Les chiffres que je donne sont obtenus par le calcul, mais ils ne sont pas tels que les donnerait l'expérience. En pratique ce second titre est toujours plus fort qu'il ne devrait l'être. Cela vient de ce qu'une certaine quantité de magnésie et même une trace de chaux rentrent en dissolution dans l'eau par laquelle on traite le résidu de l'évaporation, et y apportent une part d'alcalinité qui doit forcément enrichir le titre. On pourrait certainement arriver à corriger l'erreur provenant de cette cause en déterminant une fois pour toutes la quantité de magnésie qui peut se dissoudre dans les conditions de l'opération, mais cela ne changerait pas beaucoup les résultats. En acceptant les faits tels que les fournit l'expérience, on voit de suite si l'eau analysée est une eau bicarbonatée alcaline, ou calcaire ou mixte, et on a une mesure sinon exacte au moins très-approximative des bicarbonates appartenant à chaque catégorie.

2° Le titrage donne le moyen de connaître la proportion des substances autres que les bicarbonates contenues dans une eau.

Les substances qui entrent dans la constitution d'une eau

bicarbonatée se divisent naturellement en deux groupes qui comprennent l'un les bicarbonates, l'autre les composés d'une autre nature. Quand on évapore cette eau à sec, les bicarbonates se décomposent, perdent la moitié de leur acide carbonique pour devenir carbonates neutres, tandis que les autres composés restent ce qu'ils étaient ; et l'on obtient un résidu qui peut se représenter par la formule générale suivante : R = C + X, dans laquelle je désigne le résidu par R, les carbonates neutres par C et les autres substances par X.

Il est évident que, si on connaît le poids de ce résidu et celui des carbonates neutres qu'il contient, on pourra connaître facilement celui des composés non carbonatés, car X = R — C ; on n'aura donc qu'à retrancher le poids des carbonates de celui du résidu.

Or, le poids du résidu s'obtient directement par la balance ; quant à celui des carbonates neutres, il est implicitement donné par le titrage de l'eau, puisque le titre représente un poids de bicarbonate de soude qui peut être converti par un simple calcul en carbonate neutre. On l'obtiendra donc en calculant d'après la proportion ci-après :

$$\frac{75}{\text{NaO,2CO}^2} \; : \; \frac{53}{\text{NaO,CO}^2} \; :: \; \text{Titre} \; : \; x$$

Ou plus commodément d'après celle-ci :

$$\frac{1}{\text{NaO,2CO}^2} \; : \; \frac{0,7066}{\text{NaO.CO}^2} \; :: \; \text{Titre} \; : \; x$$

ce qui revient à multiplier le titre par 0,7066. On a donc ainsi le poids des carbonates neutres contenus dans le résidu ; en le retranchant du poids du résidu on obtient celui des composés non carbonatés.

Un exemple me fera mieux comprendre, soit encore l'eau de Vichy (Grande Grille), qui m'a servi jusqu'ici dans mes démonstrations. Cette eau a pour titre 5,97 ; elle a donné à

M. Bouquet un résidu qui, après avoir été chauffé vers 300°
pesait 5,208.

Ainsi, R = 5,208. Or, 5,208 = C + X. Cherchons la valeur de C; nous la trouverons, d'après ce qui a été dit, en
multipliant le titre 5,97 par 0,7066, ce qui donne 4,218;
donc, C = 4,218. Si on remplace dans la formule les signes
par leur valeur, on a 5,208 = 4,218 + X; d'où X = 5,208
— 4,218. En opérant la soustraction on trouve 0,990 pour la
valeur de X. Ce chiffre représente le poids des composés divers, autres que les bicarbonates contenus dans l'eau de la
Grande-Grille; M. Bouquet a trouvé 1,027.

Notre chiffre se rapproche beaucoup, comme on le voit, de
celui fourni par l'analyse ordinaire; il lui est seulement un
peu inférieur. C'est là un fait habituel et que je crois pouvoir
expliquer en l'attribuant à une décomposition partielle du
carbonate de magnésie pendant la dessication du résidu. Si
en effet le carbonate de magnésie perd une partie de son acide
carbonique, le poids des carbonates neutres contenus dans le
résidu doit s'affaiblir d'une quantité égale à cette perte; et
comme plus tard nous rétablissons par le calcul les carbonates neutres dans leur intégrité, que nous leur restituons
ainsi la perte qu'ils ont subie, leur poids se trouve augmenté
sans que celui du résidu soit changé; nous sommes ainsi
conduits à retrancher du résidu une quantité trop forte de
carbonates neutres, ce qui diminue d'autant le poids du reste,
c'est-à-dire des matériaux non carbonatés.

Quoi qu'il en soit, on voit qu'il est possible de se faire ainsi
une idée assez approximative de la quantité des matières qui
accompagnent les bicarbonates dans une eau.

Les opérations que je viens de décrire constituent une méthode d'analyse très-sommaire, très-rapide des eaux bicarbonatées, et qui me paraît présenter des avantages incontesta-
bles. Par cette méthode, c'est-à-dire par deux titrages et une
évaporation on, pourra en moins de deux heures connaître
d'une façon assez rapprochée de la vérité, 1° la proportion

totale des bicarbonates contenus dans une eau ; 2° la proportion des bicarbonates alcalins ; 3° celle des bicarbonates terreux ; 4° la quantité totale des matières fixes ; 5° celle des matières non carbonatées. On se fera donc ainsi une idée assez exacte de la valeur de cette eau.

3° Le titrage indique directement la proportion d'acide carbonique combiné et indirectement celle d'acide carbonique libre.

Le titre représente un certain poids de bicarbonate de soude, qui lui-même représente un certain poids d'acide carbonique. On peut donc connaître par le titre le poids d'acide carbonique combiné. 1 ^{gr} bicarbonate de soude contient 0, ^{gr} 5866 acide carbonique ; par conséquent, pour connaître la quantité d'acide carbonique combiné correspondant au titre, il suffira de multiplier le titre par 0,5866. Ce que j'exprimerai par la formule $CO^2 =$ titre $\times$ 0,5866.

La détermination du poids de l'acide carbonique combiné obtenue ainsi n'est pas chose sans importance. N'étant ni conventionnelle, ni arbitraire, mais directe et absolument vraie, elle constitue une donnée extrêmement précieuse. au point de vue de l'analyse complète d'une eau ; car elle peut servir de point de départ pour l'évaluation des bicarbonates, et aussi de l'acide carbonique libre.

Lorsque dans une analyse on a dosé séparément les bases et les acides d'une eau, on les unit entre eux, de façon à reconstituer les composés salins d'où l'analyse les a retirés et à les remettre ainsi en la forme sous laquelle on suppose qu'ils existaient dans l'eau. Mais cette reconstitution des composés salins ne s'effectue d'après aucune règle précise ; on n'a pour se guider dans la répartition des bases entre les divers acides aucune donnée certaine, absolue, pas même une convention unanimement consentie : il en résulte qu'elle se fait un peu arbitrairement et que chaque opérateur adopte le mode de groupement qui s'accorde le mieux avec ses vues théoriques. Aussi arrive-t-il que deux analyses, parfaitement

d'accord lorsqu'elles présentent les bases et les acides séparément, ne le sont plus lorsqu'elles les présentent combinés.
Le poids total des matières est bien le même dans les deux
analyses; mais dans l'une se trouvent des composés qui ne
figurent pas dans l'autre, et le chiffre des diverses substances
représentées n'est pas le même dans les deux.

Il me serait facile de montrer par de nombreux exemples
toute l'influence que peut exercer sur le poids des bicarbonates seulement le mode de groupement des bases et des
acides ; un seul suffira.

Je reprends l'analyse de l'eau de Vichy (Grande-Grille) ; que
dans l'analyse de M. Bouquet on change seulement la manière
de représenter la silice et l'on verra quelle différence il en
résultera pour le poids des bicarbonates.

La silice figure pour $0,^{gr}07$; elle est considérée comme
libre, à l'état de simple dissolution ; supposons, comme le
veulent certains auteurs, qu'elle soit combinée à l'état de
silicate de soude. Si nous adoptons pour la composition du
silicate de soude la formule $Si O^3, 3 NaO$, nous trouverons
que 0,07 de silice doivent employer 0,170 de soude. Cette
quantité de soude doit être prise sur le bicarbonate de soude
et comme elle en représente $0^{gr}413$, le poids total des bicarbonates devra être diminué d'autant ; il tombera ainsi de
5,979 à 5,566. Ce dernier chiffre s'éloigne trop de celui fourni
par le titrage pour qu'il puisse être vrai.

On pourra objecter que le silicate de soude, réagissant à la
façon des alcalis, entre pour sa part dans le titre, mais cette
objection ne peut résister à la considération suivante : Le
poids total des matériaux contenus dans un litre d'eau de la
Grande-Grille est de 7,006 ; si de ce poids total on retranche
la moitié de l'acide carbonique des bicarbonates, soit 1,750,
on trouve pour reste 5,256, qui doit représenter le poids des
matières fixes que doit laisser un litre d'eau à l'évaporation.
Expérimentalement, M. Bouquet a trouvé 5,208, comme je
l'ai dit plus haut. Mais que la silice soit à l'état de silicate de

soude; que, par conséquent, le poids des bicarbonates soit de 5,566, au lieu de 5,979, le poids total des matières contenues dans l'eau se réduira à 6,764; que maintenant on retranche de ce poids total la moitié de l'acide carbonique comme nous l'avons fait tout à l'heure, soit 1,63, nous trouvons que le résidu fixe doit être 5,134. Ce chiffre est inférieur au chiffre expérimental qui lui-même, et par des raisons que j'ai déjà dites, est certainement au-dessous de la réalité; on peut donc en conclure que la silice n'est pas à l'état de silicate de soude et que les bicarbonates doivent représenter l'acide carbonique indiqué par le titre.

Le poids des bicarbonates étant ainsi fixé, celui de l'acide carbonique libre se trouve aussi et par là même établi d'une manière certaine. Il est d'usage, comme on sait, en analyse, de doser la quantité totale d'acide carbonique dans une eau, de prendre dans cette quantité tout ce qui est nécessaire pour constituer les bicarbonates, puis de compter ce qui reste comme acide carbonique libre. Une pareille manière de procéder expose nécessairement à des erreurs. Que, par une association fautive des bases avec les acides, on soit conduit à porter trop haut ou trop bas le chiffre des bicarbonates, et l'on arrivera certainement à un chiffre d'acide carbonique libre inférieur ou supérieur à la réalité. Ainsi, dans l'exemple précédent, nous avons vu que, suivant la manière dont on envisageait l'état de la silice dans l'eau, le chiffre des bicarbonates pouvait varier et se trouver tantôt de 5^{gr} 979, tantôt de 5^{gr} 566; il s'ensuit nécessairement que celui de l'acide carbonique combiné doit varier aussi; il sera de 3,50 ou bien de 3,25. Si de la quantité totale d'acide carbonique contenue dans l'eau, nous retranchons l'un ou l'autre de ces chiffres, nous obtiendrons des restes qui représenteront l'acide carbonique libre, et devront différer entre eux de 0^{gr} 25. Cette différence n'est nullement insignifiante, ni négligeable, car elle équivaut à 1/8me de litre d'acide gazeux.

Ainsi les résultats de l'analyse, en ce qui concerne la détermination des bicarbonates et de l'acide carbonique libre, n'offrent pas toute la précision, toute la certitude désirables ; il en serait tout autrement si pour cette détermination l'on prenait pour base le titrage, car ce procédé fournit sur l'acide carbonique combiné des indications certaines et indépendantes de toute interprétation. On voit par là que le titrage peut intervenir heureusement dans l'analyse, lui apporter un précieux secours, lui servir de guide et de contrôle.

J'en ai dit assez, je crois, pour faire connaitre l'hydrocalimétrie. Si je me suis bien expliqué, on doit, en effet, comprendre désormais en quoi consiste cette méthode d'analyse, quel est son but, son principe, son mode d'exécution ; on doit pouvoir apprécier la portée de ses résultats, les avantages que présente son emploi pour l'étude des eaux bicarbonatées; il serait par conséquent superflu d'insister davantage sur ce sujet ; d'ajouter de nouvelles considérations à celles qui viennent d'être exposées et longuement développées. Je termine donc là ce travail et le livre à l'appréciation des chimistes qui s'occupent de l'analyse des eaux minérales ; c'est à eux de prononcer sur la valeur du procédé que je propose ; de dire si ce procédé est réellement applicable; s'il peut rendre les services que je le crois appelé à rendre ; j'ai l'espoir qu'après l'avoir expérimenté ils ne le trouveront pas sans importance.

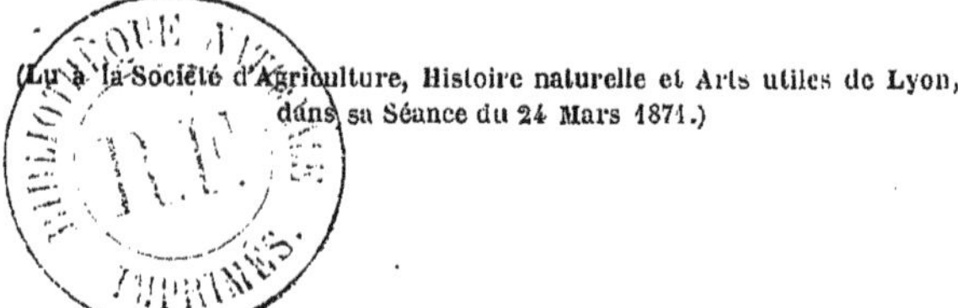

(Lu à la Société d'Agriculture, Histoire naturelle et Arts utiles de Lyon,
dans sa Séance du 24 Mars 1871.)

LYON. — IMPRIMERIE ADMINISTRATIVE PITRAT AINÉ, RUE GENTIL, 4.

9 782019 263744